奇奇怪怪探秘科学世界

· 闯入自然王国 ·

中国科学技术协会青少年科技中心　组织编写

中国科学技术出版社

·北 京·

人物简介

奇 奇

怪 怪

奇奇怪怪是来自外太空的淘气小精灵，他们来到地球，探寻着地球上各种各样的奥秘。他们闹了不少笑话，也从历险中学到了很多知识。他们将带着孩子们闯入奇奇怪怪的科学世界。

奇奇变成飞行器

奇奇变成轮滑车

奇奇变成潜水艇

目 录

假如天空没有云的话，是不会下雨的，因为雨是从很低的云层上降落下来的。

怪不得，每到阴天的时候就会有很多的云，感觉把天空都挡住了！

是啊！云也是由许多许多的小水滴组成的，当这些小水滴聚集到一起，就会形成很多的大水滴。

哈哈，我变大了，好重啊！我要开始下降了！

大水滴

9

肉眼看不到的
空气粒子

积
雨
云

首先，云逐渐扩大形成积雨云，当积雨云快速移动时，形成云的水滴和周围的空气摩擦时会产生电，并且冒出火花。云和云之间，云和地面之间都会产生电火花。这个火花就是闪电。

哎呀！
别撞我啊！
好疼啊！

空气不会导电，要是云层太厚，电量增加，空气里就充满了电，最后引发震耳的雷声。

太阳光太亮了，太强了！

人们都无法看见我们了！

白天星星也同样发光，但是太阳光线太强，淹没了星星的光亮。到了傍晚，天空暗下来，星星的光就显现出来了。

问了你这么多问题，把你都累得睡着了，香香地睡吧！睡着了就不想家了。怪怪，你的呼噜还真不是一般的响啊！

在很久很久以前，地球表面以眼睛所看不到的速度，一点一点地移动。

地球表面逐渐地凸出来，曾是海洋的地表上升。

海水退走、地表干涸，鱼的化石就这样产生了。

新的海形成

山逐渐形成，而鱼的化石可以证明这个地方曾经是海洋。

在漫长的岁月里，风和雨把山上的岩石切割走了。

鱼化石

因此形成了顶部平坦侧面陡峭的山。比如著名的美国大峡谷就非常壮观！

真没想到，地球上的山的形成需要那么漫长的时间，真是不容易啊！

是啊！我这一个跟头摔得值吧？哈哈！

这是彩虹，太阳的光线照射到细小的水滴上经过反射和折射，就形成了彩虹。太阳在东边时彩虹就在西边出现。太阳在西边，彩虹就在东边出现。

哈哈！知道了彩虹的形成原理，我们的人造彩虹也不错！奇奇再往高点喷水！

这也是太阳光照射的结果。阳光照射在地面上，地面上变暖和了，也会使周围的空气变热。所以你就感觉地面会比山顶暖和些。

谢谢您给我们讲了这个道理。那我们就在您的照耀下，暖暖和和地继续爬山啦！

保暖最重要，我记住了！

越高的山上空气也就越稀薄，在背阴处空气是冷的，也是因为阳光照射不到的结果。所以你们要注意保暖啊！

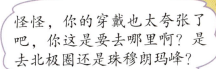

怪怪，你的穿戴也太夸张了吧，你这是要去哪里啊？是去北极圈还是珠穆朗玛峰？

我要去冰箱里拿根冰棍。

不过，是有点热啊……

要下雨时，空气湿度大，昆虫飞行困难，都在低处飞。所以我也要贴着地面飞好抓住他们。今天可以饱餐一顿了！

今天我飞不快了，救命！

原来，有些动物的行为也和天气有关系，这也太有意思了！

奇奇，把衣服都收回来吧！马上就要下雨了！

怪怪你真厉害，我刚看了天气预报，你没看怎么知道会下雨啊？

观察燕子低飞，就是下雨的前兆。

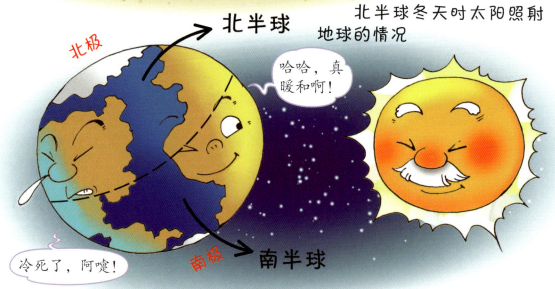

北半球冬天时太阳照射
地球的情况

到了冬天，太阳直射南半球，北半球接受的阳光是斜射的，阳光较弱，当然天气就冷了。

北半球夏天时太阳照射地球的情况

北极

北半球

轮也该轮到我了，真暖和，太舒服了！

哈哈！

南半球

南极

好冷啊！

因为地球是稍微倾斜地绕着太阳转，在夏天，太阳直射北半球，气温较高。

奇奇、怪怪，你们不穿衣服，这是去哪里啊？不冷吗？

我们去南半球玩，那里现在可暖和了，你去不去，我们一起走啊？

这雪啊，是由许多小冰晶集合而成，冰晶一多呢，负荷过重，于是就从天上往下掉。

太暖和了，好热啊，我都要融化了！

要是在下降的时候碰到温暖的空气，冰晶就会融化成水，这就是雨水。

好冷啊！我要被冻坏了！

在冬天，空中的空气非常寒冷，冰晶不会完全融化，直接变成美丽的小雪花降落。

怪怪你最有学问了，你说这冰块刨成粉末后，怎么变成白色了？

看在刨冰好吃的份上，我给你上一课。

雪是由小冰晶组成的，当冰块被刨成细小的颗粒时，对光线产生了反射作用，看起来就是白色的。所以透明的冰块被刨成刨冰时，看起来就像雪一样了。

比如海浪拍打礁石所溅起的水花，还有瀑布落进潭中所溅起的水花，都是因为体积变小而反射光线，呈现出白色。

每当进入深秋时节，冷空气活动加剧。如地表温度在夜间降到0℃以下时，就会把空气中的水分凝结成白色的结晶，附着在地表的物体上，这就是霜的形成。

大家从空隙里钻出去啊！

霜一般在晴朗无风的夜间形成。首先受害的就是各种植物，昨天还是绿色的叶子，经霜冻后就会枯萎凋落。

?

哎呀！把我的根都拉出土了，冻死我了！

那我们盖个暖房，把蔬菜都搬进去！

好的！我去找材料，马上动工！

因为植物的叶片中都含有水分，所以在冻害中受损严重。在秋末冬初冷暖交替的气候中，经常会发生霜冻。

54

白天的时候，太阳光的照射让大地地表温度升高，地表的水蒸发形成水蒸气。

一到夜里，地表温度下降，空气中的水蒸气开始冷却凝结成细小的水珠。

明白了，太阳出来，气温升高，那露珠也就蒸发消失了，怪不得找不到了。

没关系，明天早晨我们再来看。

水珠落到地表面的一切物体上。落在植物叶子上的小水珠会滚成大水珠，这就是露珠。

露珠有的停留在叶子上，有的滚落到地上。露珠在反射阳光的同时，也逐渐被再次蒸发。

不会溢出的海洋

哈哈，用力旋转把上面的蜡烛都甩掉了，太好玩了。怪怪，让我也转一转。

是啊！太用力了！

这要把我甩到哪里去啊？

怪怪，那你说海洋里的水为什么不像蜡烛一样，在自转的时候，会因为惯性而溢出来被甩得哪里都是呢？

59

哈哈！太好玩了！

我知道了，地球的中心有一种很大的力量，就像个大力士一样，这种力量拉住地球上所有的东西，我们应该叫它地心引力。

那看来海水不溢出来也是地心引力的缘故了？

夏天，高空的温度仍然低于0℃，如果产生雨云，就会以雪的形式下降。

下降的时候，如果碰到暖空气，就又成为小水滴，而后慢慢聚集变大。

这还复杂啊！我只讲了一半，你继续认真听啊！

好冷啊！

这时候遇到由下向上吹的风，水滴被吹到有冷空气的地方就变成了冰雹。

风

冷空气

热空气

冷空气

热空气

我长个了！

再往地面下降时又变成小水滴，渐渐变大。这个过程重复几次，最终变成冰雹降落下来。

只有在春、夏季节才有由下向上吹的风，因此冰雹只出现在春、夏两季。

三层颜色

用刀切开冰雹，你就会看到切口有透明和白色部分，这表示冰雹是逐渐变大的。

知道冰雹这样复杂的形成过程，被砸到也算是值得的，哈哈……

68

崩塌下来的雪

冬天太好玩了，可以看雪，又能堆雪人，真开心啊！

奇奇，看看我的第一件雪雕作品，你还不给我拍张照片作纪念啊！哈哈！

为了阻止你真的去雪山冒险，我先给你讲讲雪崩为什么危险。

山坡上的积雪

重量产生的压力

下层融化的雪

山坡上堆积的厚厚的雪，由于雪的重量所造成的压力，会使下面的雪融化。

施加一点轻微的压力

不好了，雪崩了！快跑！

山石

这时，如果再施加一点压力时，山坡上的雪就会像掉落的物体一样，一直滚向谷底，埋没登山者。

74

运气真不错，不远处就是大海，还有椰子树。一会儿我和怪怪就有椰子汁喝了。

明明看见那椰子树和大海的位置就在这里啊！怎么没找到，就连影子都没有？

奇奇，我来了！找到你真不容易啊！你找到什么又找不到了？这里很难找到水。

刚才我就是在这里看到的大海和椰子树，可漂亮呢！可走到这里一看，什么都消失了。

这里是沙漠，不可能有大海和椰子树的。

我想你看到的一定是海市蜃楼。

浓厚空气

哇！椰子树和大海，我找到了！

白天，沙漠被太阳晒得很烫，上空的空气膨胀变得极稀薄。而空气不断飘散使四周空气变浓厚了。光线是直线传播的，遇到浓厚空气无法穿透时，光线只好折射出去，就是折射作用产生的海市蜃楼。这是空气和光线在跟我们开玩笑呢！

那人类喝的水里就没有雨水？是怎么过滤的？

人类使用的不是雨水，而是自来水。具体步骤看下面的示意图吧！

← 雨水、雪水、地下水汇入河流

经过沙土过滤

这样经过处理的雨水就非常干净了，可以痛快地大喝一顿了！

经过消毒药物处理

井水就是雨水、地下水在土壤中过滤而成的。而自来水是经过沙的过滤后再放入药物消毒，就变得更干净了！所以，再口渴也不能直接喝雨水！

自来水

河流的形成过程就像一次旅行，由地下水、雪水、雨水的不断加入而变成大河流。

最后，这些大的河流流经很多地方，终于流到大海里去了。

怪不得呢，我还奇怪为什么地球上的海洋占那么大的面积，原来是因为许多河流的不断加入啊！

地球上的自然现象太丰富、太复杂了，我们一起慢慢研究吧！

而且各种事物之间都有着联系，没有地下水、雪水和雨水，就很难形成河流。没有许多河流的加入，大海也不能如此浩瀚。

岩浆中的气体不能跑到空气中，只好聚集在熔解的岩石内，而且愈聚愈多，然后再次喷发。

岩浆真热！上面又堵着不透气，我快要被憋死了！

由于气体的力量很大，常把岩浆或火山口周围硬的岩石带入空中，所以就形成火山爆发！

终于不用憋气了，太舒服了。

真的没有想到火山的喷发是形成火山的主要原因。听说在墨西哥有座火山是在玉米田里喷发的？

是啊，后来那片玉米田里就冒出了一座高约400米的火山，非常壮观呢！

哈哈，那是不是可以在火山旁边拾到香喷喷的烤玉米啊？一定非常好吃！

还找烤玉米呢？跑慢了，你屁股都得被烤熟了！

图书在版编目（CIP）数据

闯入自然王国 / 中国科学技术协会青少年科技中心组织编写 . -- 北京：
中国科学技术出版社，2012.6（2019.9 重印）

（奇奇怪怪探秘科学世界）

ISBN 978-7-5046-6067-4

I.①闯… II.①中… III.①自然科学 – 少年读物 IV.① N49

中国版本图书馆 CIP 数据核字（2012）第 073266 号

版权所有 侵权必究

组织编写	中国科学技术协会青少年科技中心
编　绘	同同卡通
策划编辑	肖 叶 邓 文
责任编辑	邓 文 郭 佳
封面设计	同同卡通
责任校对	林 华
责任印制	李晓霖

中国科学技术出版社出版
北京市海淀区中关村南大街 16 号　邮编：100081
电话：010-62173865　传真：010-62173081
http://www.cspbooks.com.cn
中国科学技术出版社有限公司发行部发行
青岛乐喜力科技发展有限公司印刷
※
开本：700 毫米 ×1000 毫米　1/16　印张：6.25　字数：120 千字
2012 年 6 月第 1 版　2019 年 9 月第 2 次印刷
ISBN 978-7-5046-6067-1/N・165
印数：10001—30000　定价：21.80 元